一看就懂的图表科学书

多种多样的栖息地

[英]乔恩·理查兹 著　　[英]埃德·西姆金斯 绘　　梁秋婵 译

中国妇女出版社

目 录

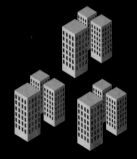

欢迎来到
信息图的世界!

运用图形和图画,信息图以全新的方式使知识更加生动形象!

你会知道有哪些动物
能在沙漠中生存。

你能了解在爬山时你周围的
空气能变得有多冷。

你会探索雨林从树顶
到地面的不同层次。

什么是栖息地？

栖息地指的是生物生活的地方，以及这些地方的环境条件。栖息地的类型受很多因素的影响，包括气候、周围的环境、在地球上的位置以及当地的岩石类型，等等。

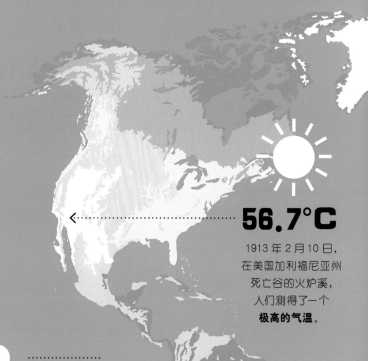

针叶林 冬季寒冷，夏季温和，植被以常绿针叶林为主。

56.7℃

1913 年 2 月 10 日，在美国加利福尼亚州死亡谷的火炉溪，人们测得了一个**极高的气温**。

各种栖息地类型

海洋 地球上最大的栖息地，占地球表面积的 70% 以上。海水是海洋的主体，此外还有种类丰富的珊瑚礁和黑暗的大洋深渊。

高山 随着海拔的升高，从茂密的热带雨林，到开阔的草原，再到裸露的岩石，高山地貌不断变化，动植物的类型也会发生变化。

地中海 夏季炎热干燥，冬季温和多雨，植被以灌木丛为主。

热带雨林 终年高温多雨，动植物的种类丰富，数量众多。

温带草原 广阔无垠的大草原，是食草动物赖以生存的栖息地。

苔原 十分寒冷，没有树木，地表以下终年处于冰冻状态。这个位于地下的冰冻层被称为永冻层。

沙漠 世界上最干燥的地区，几乎全年无雨。

低于-71°C

有记录以来的最低气温， 出现在俄罗斯的奥伊米亚康。（仅限定于人类能永久居住的地方。）

温带林

常绿树和落叶树的混生地区。这些地区四季分明。

地球上年平均降水量最大的地方在印度的**梅加拉亚邦**，纪录约为

11 873毫米。

与此形成鲜明对比的是，一些科学家推测，南极洲的**干谷地区**不下雨雪的日子已经持续了将近

200万年。

热带草原 旱季长，雨季短，面积广阔的草原。

极地 位于地球南北两极的极寒之地，终年被厚厚的冰层覆盖。

温带林和泰加林

有一些森林分布在世界上较冷的地区，它们的生长期主要是在较为短暂的春夏季节。而在其他时候，这里的动植物不得不面对寒冷，甚至冰冷刺骨的低温。

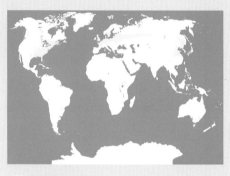

温带林

春天

夏天

温带林

这类栖息地位于南北回归线和两极之间的地区。这里春夏秋冬四季分明，风景迥异。春天，落叶林抽枝发芽；夏天，树木郁郁葱葱；秋天，叶子枯黄飘落；冬天，这些树木则干脆处于休眠状态，为来年的再一次枝繁叶茂养精蓄锐。

冬天

秋天

有些树木的树冠（也就是树干上部连同其枝叶的部分）太厚，
以至于夏季很少有阳光能照射到森林地面。这意味着一些植物无法在那里生长。

生长在温带林中的植物包括一些阔叶树木，如橡树和山毛榉，也包括一些陆生开花植物，例如蓝铃花。

橡树

山毛榉

蓝铃花

刺猬

狐狸

有些动物，如刺猬，通过冬眠的方式来度过寒冷难耐的冬季。此外，森林里还生活着狐狸、鹿等不需要冬眠的野生动物。

泰加林

泰加林即北方针叶林，是世界上最大的陆地栖息地，约占地球陆地总面积的10％以上，呈带状广泛分布于北半球的北部。

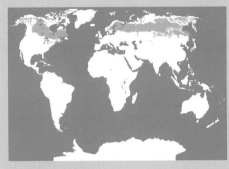

⬡ 泰加林

10%

泰加林的植物主要包括杉树、松树等针叶树，以及草本植物。

草本植物　　冷杉　　松树

加拿大黑雁　　　　熊

生活在泰加林中的动物会度过漫长的寒冬和短暂的夏季。有些动物通过冬眠或延长睡眠时间的方式来度过寒冬，例如熊。有些动物则选择在冬天迁徙到别处，到夏天再回来，例如加拿大黑雁。

气温和降雨

温带林 年平均气温约为10℃；在温暖的夏季，平均气温约为20℃。

▨ =150毫米

年降水量：750—1500毫米

泰加林 冬季气温一般在 −10—0℃（极端天气时也可能达到 −50℃），夏季则在15—20℃。

年降水量：300—500毫米

较低的太阳高度角

泰加林地区的纬度偏北，太阳在天空中的位置较低（角度为47—63.5°），因此能到达地面的太阳光很少。另外，积雪也会反射掉大部分的太阳光。

雨林

雨林是地球上生物多样性最丰富的栖息地之一，各种各样的动植物生活在这里。大多数雨林位于靠近赤道的热带地区，但也有少部分分布在更凉爽的温带地区。

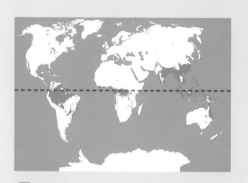

⬡ 雨林

热带雨林

热带雨林的面积不到陆地面积的6%，却拥有全球超过50%的动植物物种。

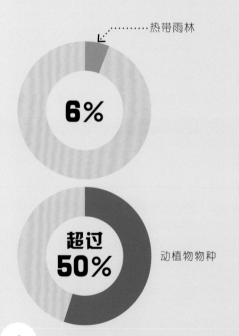

······热带雨林

6%

超过50% 动植物物种

雨林的垂直分层

森林树冠层

雨林中最高的树被称为突出木，有着高于大部分树的树冠。

冠层

这个层级的树木的树枝和树叶，形成一层厚厚的冠层，只有少量的光线能够透过。

林下叶层

位于冠层之下的小树蓄势待发，等待有朝一日那些年老的树木死去后可以取代它们的位置；还有藤本植物从森林地面生长出来，利用树木作为支撑。

灌木层和林地表层

因为只有很少的光线照到森林地面，因此限制了这两层植物的生长。

热带雨林中既有各种奇花异草,例如猪笼草、兰花,也有各种巨大的树木。

蟒蛇

美洲豹

热带雨林中的动物种类多样,既有大型猫科动物老虎和美洲豹,也有类人猿、天堂鸟,还有蟒蛇这种体形巨大的蛇类。

热带兰　　　**猪笼草**

温带雨林位于更凉爽一些的地区,如北美洲西部海岸、亚洲东部、澳大利亚部分地区以及新西兰。这些地区有比较漫长的雨季,但也有较为干旱的季节。

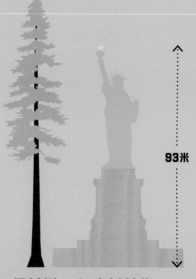

鹿

花旗松

温带雨林植被包括高大的红杉树、花旗松以及蕨类植物和苔藓等,动物则包括黑熊、鹿和美洲狮等。

气温和降雨

雨林地区的年降水量超过 **2 500**毫米。

气温的变动幅度不大,全年在 25-30℃。

93米

红杉树　**自由女神像**

红杉树是地球上最高的生物之一,高度可以超过100米。

沙漠

沙漠的全年降雨量一般少于 250 毫米。虽然大部分沙漠出现在靠近赤道的十分炎热的地区，但也有一些沙漠分布在温度较低的温带地区——那里特殊的地形等环境条件阻碍了大部分降水。

沙漠

······· 沙漠

沙漠
沙漠大约占地球陆地表面的 1/3。

世界上最大的沙漠是炎热的撒哈拉沙漠。它位于非洲北部，面积约为 **900 万**平方千米。

撒哈拉沙漠

沙漠化的主要表现之一是沙漠面积的扩大。统计数据表明，地球上每分钟约有 23 万平方米的农业用地因为干旱和沙漠化而消失。这相当于 **43** 个美式足球场的面积。

气温和降雨

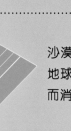

热带沙漠的年平均气温在 20—25℃，但最高温度可能超过**50℃**，晚上的温度则可能降到 0℃以下。

沙漠的年降水量一般不足**250**毫米。

仙人掌   沙漠玫瑰

仙人掌、千岁兰和沙漠玫瑰等都是沙漠中生长的植物。

赫蜥   跳鼠

沙漠中生活着骆驼、赫蜥、跳鼠等动物。

骆驼

骆驼的身体完美地适应了恶劣的沙漠气候。

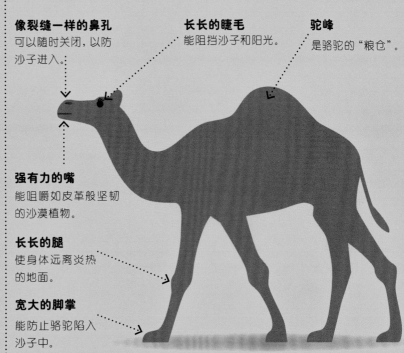

像裂缝一样的鼻孔
可以随时关闭，以防沙子进入。

长长的睫毛
能阻挡沙子和阳光。

驼峰
是骆驼的"粮仓"。

强有力的嘴
能咀嚼如皮革般坚韧的沙漠植物。

长长的腿
使身体远离炎热的地面。

宽大的脚掌
能防止骆驼陷入沙子中。

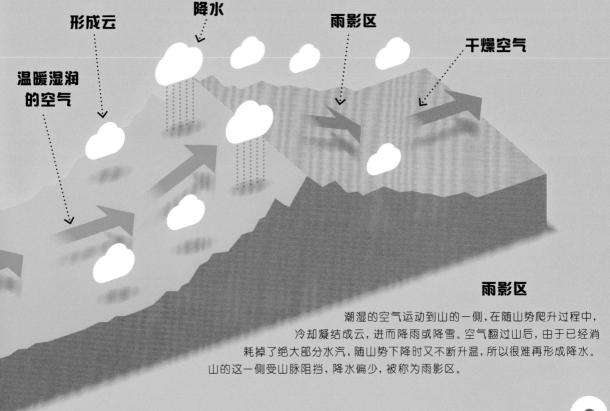

形成云

降水

雨影区

干燥空气

温暖湿润的空气

雨影区

潮湿的空气运动到山的一侧，在随山势爬升过程中，冷却凝结成云，进而降雨或降雪。空气翻过山后，由于已经消耗掉了绝大部分水汽，随山势下降时又不断升温，所以很难再形成降水。山的这一侧受山脉阻挡，降水偏少，被称为雨影区。

高山

因为山脉覆盖了较大的海拔高度范围，所以高山上存在着各种各样的栖息地。随着你一步步地往山上爬，你会发现栖息地的种类随着高度的变化而变化。

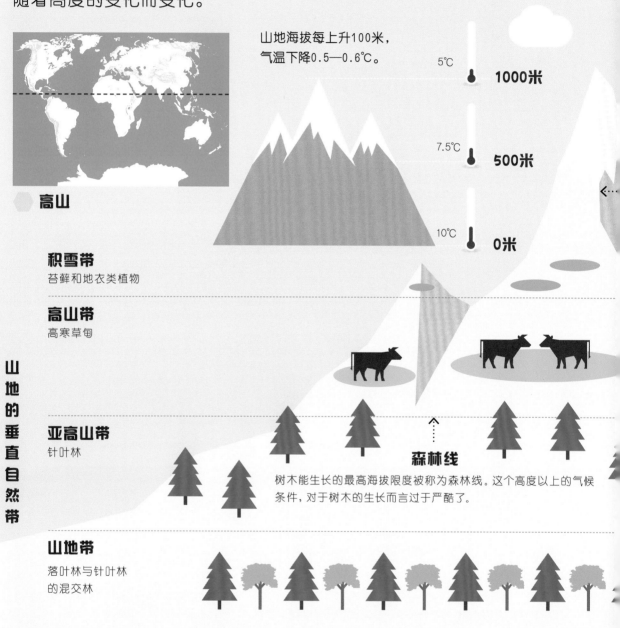

高山

山地海拔每上升100米，气温下降0.5—0.6℃。

5℃ 1000米
7.5℃ 500米
10℃ 0米

积雪带
苔藓和地衣类植物

高山带
高寒草甸

山地的垂直自然带

亚高山带
针叶林

森林线
树木能生长的最高海拔限度被称为森林线。这个高度以上的气候条件，对于树木的生长而言过于严酷了。

山地带
落叶林与针叶林的混交林

山麓带
落叶林

欧石楠

针叶树、欧石楠和莎草
都是山地植物。

盘羊

翼展长达3米

安第斯神鹫

安第斯神鹫是世界上最大的
飞鸟之一。它的翼展长达 3
米，使其能利用群山间的上
升气流翱翔于高空。

雪豹

盘羊、雪豹和安第斯神鹫
都是山地动物。

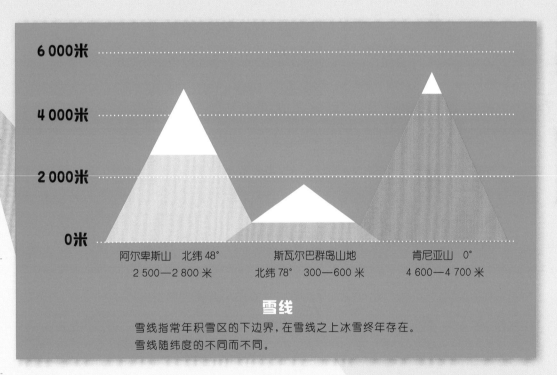

雪线

6 000米		
4 000米		
2 000米		
0米		

阿尔卑斯山　北纬48°	斯瓦尔巴群岛山地	肯尼亚山　0°
2 500—2 800 米	北纬 78°　300—600 米	4 600—4 700 米

雪线

雪线指常年积雪区的下边界，在雪线之上冰雪终年存在。
雪线随纬度的不同而不同。

雄性盘羊用头上的角来争夺交
配权，它们能以每小时30千
米以上的速度互相攻击。
有的羊角重达14千
克，比羊身上的其
他骨头都要重。

草原

除了南极洲外，各大洲都有广阔的草原。这些大草原为众多食草动物提供了丰富的食物。

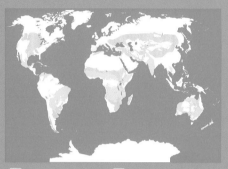

◆ 温带草原　⬡ 热带稀树草原

猴面包树

金合欢树

草原植物以草为主，同时也有一些树，如金合欢树和猴面包树。

斑马　狮子　长颈鹿

非洲野水牛、长颈鹿、狮子、鸵鸟和眼镜蛇都是草原动物。

热带稀树草原

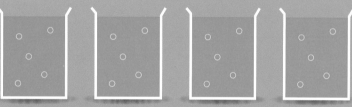

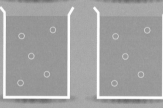

年降水量：500—1500毫米

年平均气温高于20℃，最冷月气温在18℃以上，有明显的干、湿两季。

鸵鸟是世界上最大的鸟类之一——它们可以长到2.8米高、150千克重！

热带稀树草原的干旱期，迫使生活在那里的许多动物不得不为了寻找水源和食物而长途跋涉。每年参与大迁徙的动物多达数百万只，它们需要跋涉数百千米以上。

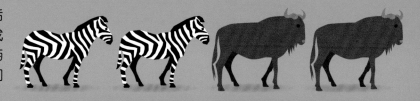

每年，超过 **150 万只角马**、**20 万只斑马**和**数千只羚羊**
会组成一支浩浩荡荡的东非大迁徙队伍。

温带草原

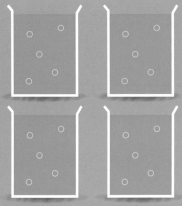

年降水量：200—600毫米

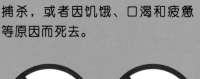

北方大草原的季节温差较大，1 月份平均气温能低到 −10℃，而 7 月份平均气温则会高到 20℃以上。

每次大迁徙过程中，约有25万只角马和3万只斑马会因被食肉动物捕杀，或者因饥饿、口渴和疲惫等原因而死去。

250 000   30 000

热带稀树草原上有许多旱生植物，它们已经适应了干燥条件下的生活。例如，金合欢树的叶子很小，叶片表面覆盖着一层蜡质，这能够大大减少水分的流失。

金合欢树的树叶

土拨鼠

驼鸟的奔跑速度能超过每小时70千米，它一步就能迈出5米远。

北美草原上生活着土拨鼠这种小型哺乳动物。它们广挖地洞，彼此的洞穴相互打通，连成庞大的"城镇"。通常情况下，这些"城镇"的面积可达 1.5 平方千米，而目前发现面积最大的则达到了

65 000 平方千米。

这比美国最小的 10 个州的总面积都要大，是

400 000 000 只

土拨鼠温馨的家。

苔原

苔原位于广阔的针叶林带和两极地区之间。这是一个条件十分恶劣的栖息地——没有树木能在这里生长。一年中,适合植物生长的时期只有短短几周。

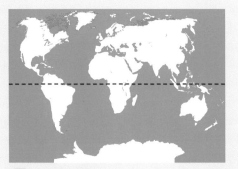

◆ 北极苔原

两种苔原类型

北极苔原离极地地区很近,约占地球陆地面积的9%。高山苔原接近一些山脉的最高处,约占地球陆地面积的3%。

12%
···→ 北极苔原
←··· 高山苔原

苔原土壤是碳的重要储存地——据估计,地球上约14%的碳被冻结在永冻土中。温室效应可能导致永冻土融化,使更多含碳的温室气体进入到大气中。

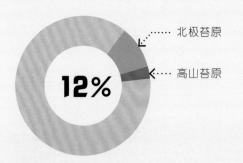
碳
14%

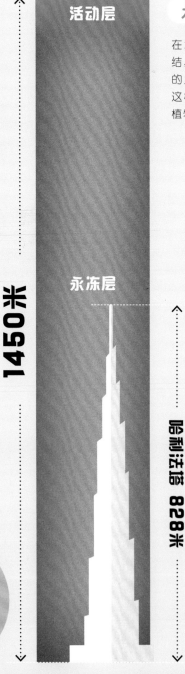

活动层

永冻层

在北极苔原的地表下,地面终年冻结,即便在夏天也是如此。这个冻结的土壤层叫永冻层。没有动物能在这样的苔原上挖很深的洞,也没有植物能在此深深扎根。

永冻层

1450米

永冻层

哈利法塔 828米

在某些地区,永冻层能延伸到地表以下1450米深的地方——这几乎是世界超级高楼哈利法塔的2倍。

北极苔原分布在北美洲北纬60°以上及亚欧大陆北纬70°以上的地区。这种差异是因亚欧大陆的夏季更温暖造成的。

北美洲

亚欧大陆

北纬60°　　　　　　　北纬70°

0°　　　　　　　　　　0°

气温和降水

北极苔原

北极苔原的年降水量是200—300毫米，以降雪的形式为主。

北极苔原冬季平均气温只有−32℃，甚至更低。

高山苔原

高山苔原的年降水量一般也是200—300毫米。

高山苔原最暖月的平均气温能达到12℃，但冬天平均气温将下降至−18℃。

苔原在英文中是"tundra"，来源于芬兰语"tunturi"，意思是"没有树木的丘陵地带"。

北极罂粟

雪雁

驯鹿

苔草

貂熊

苔原上可以看到莎草科植物——苔草之类的草本植物，以及耐寒小灌木、苔藓、地衣等。

雪雁、驯鹿、貂熊、麝香牛和北极贼鸥也在苔原上活动。

极地

南北极地区是地球上最不适合居住的地方。当极夜来临时,太阳很久都不会从地平线上升起来,这里将迎来漫长的黑夜,并且会极其寒冷。

● 极地

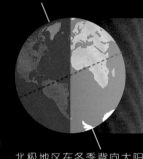

地轴的倾斜角度是 23.5°。

北极出现持续 6 个月的黑夜。

北极地区在冬季背向太阳,由极点到极圈附近,逐渐有更多地方开始全天都被黑暗笼罩。

北极出现持续 6 个月的白昼。

北极地区在夏季朝向太阳,由极点到极圈附近,逐渐有更多地方开始全天都是白昼。

北极冰盖　　南极冰盖

98%

的南极洲长年被积雪和冰层覆盖。

覆盖在格陵兰岛上的冰层最厚处超过3 400米,而南极洲冰层的最大厚度超过4 750米。

格陵兰岛　　南极洲

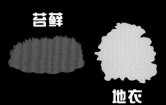

苔藓

地衣

北极熊

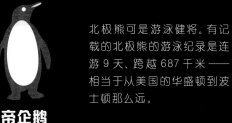

帝企鹅

北极熊可是游泳健将。有记载的北极熊的游泳纪录是连游9天、跨越687千米——相当于从美国的华盛顿到波士顿那么远。

在极地发现的为数不多的植物，是一些能够在恶劣条件下生存的苔藓、地衣和藻类。

北极熊、北极狐、海豹、帝企鹅和管鼻鹱等动物生活在极地。

北极海冰的面积一直在缩小。2016年11月，北极海冰面积为908万平方千米，这是有记录以来11月份的最低数字，比1981—2010年这30年间的11月份的平均面积小了足足195万平方千米，缩小的面积比美国最大的阿拉斯加州还要大13%。

每年的11月平均面积

1981—2010年

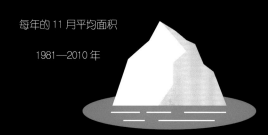

1103万平方千米

2016年11月

908万平方千米

河马

磷虾

每年，大量的浮游生物会在南极水域繁衍生息，吸引了其他大大小小的生物前来觅食。一头成年蓝鲸半天时间可以吃掉上千万只磷虾，加起来的重量可能超过3000千克，相当于一头河马的体重！

南极洲有记录以来的极端最低气温是

−89.2℃

这是由苏联在南极设立的科学考察站东方站测到的。

1960年以来，南极半岛的冬季平均温度可能至少上升了3℃。

海岸

海岸是大海与陆地交汇的地方，是一个随着海水的涨落而有规律地发生变化的栖息地。海洋的力量日积月累，雕刻出海岸栖息地的独有特征。

全球海岸线长度可能超过

620 000 千米，

这相当于在地球和月球间往返一个来回的距离。

世界上有将近 1/3 的人口（约 25 亿人）住在距海岸 100 千米以内的地方。

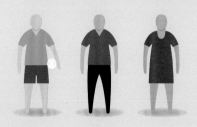

目前的海平面

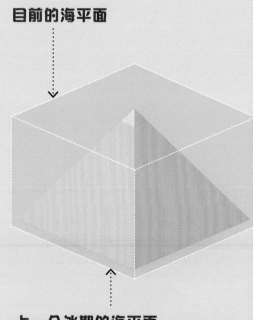

21 米，

这一最大潮差相当于 7 层楼高，出现在加拿大的芬迪湾。

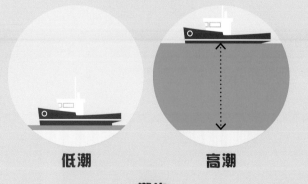

低潮   **高潮**

潮汐

海洋中每天的潮起潮落主要是由月球和太阳等天体对海水的引力作用引起的。

上一个冰期的海平面

最近一次冰期的海平面比现在的海平面至少要低 120 米，与埃及金字塔中最大的胡夫金字塔的高度（约 146.5 米）相差不多。

海浪的冲击强度可以达到每平方厘米

500 千克。

如此巨大的力量能够创造出各种各样的地理特征，例如：

海崖 海岸受海浪和风的侵蚀，边缘崩塌。

海蚀拱 海水继续冲刷，海崖进一步被侵蚀，产生孔洞，形成"拱桥"。

海蚀柱 拱桥顶崩塌，拱柱与原岸分离。

莎草

香蒲

海岸边可能分布着耐盐的莎草和香蒲。

火烈鸟

蟹

海狮

水母

水鸟、海豹、海狮、蟹在海岸上出没，水母也经常出现在岸边的海浪中。

珊瑚礁

一种被称为"珊瑚虫"的微小生物的钙质骨骼经过长期积累、沉积，形成了珊瑚礁。现有的珊瑚礁中，有些在大约5000万年前就开始成形了。

珊瑚虫

珊瑚虫是半透明的，它们的颜色来自一种色彩鲜艳的叫"虫黄藻"的藻类。

大堡礁

世界上最大的珊瑚礁群是澳大利亚东海岸外的大堡礁。它绵延2000多千米，占地面积与美国的明尼苏达州差不多。

1%

25%

珊瑚礁只占海底不到1%的面积，却是大约25%的海洋生物共同的家园。

湿地

长期被水浸泡的洼地、沼泽和滩涂等,统称为湿地。湿地通常濒临江、河、湖、海或位于内陆,但总的来说,一般都地势低平、排水不良,有的还会受到海洋潮汐的影响。

几种极富特色的湿地类型

红树林

这类湿地中的主要植物是红树植物。红树林中的植物长有发达的支柱根,树根从泥浆中伸出来,使植物"立"在水面以上。它们还长着一种特殊的呼吸根。呼吸根伸出泥浆和水面,能用表面的细小气孔来透气。

呼吸根

支柱根

位于印度和孟加拉国的孙德尔本斯国家公园,占地面积约

10 000 平方千米

——大小相当于美国的夏威夷岛。这里拥有地球上面积最大的红树林。

红树科小乔木　香蒲　盐角草　鹭　短吻鳄　蜻蜓　虾

湿地环境中可能会见到红树科小乔木、香蒲和盐角草等植物。

湿地中还可能有鲶鱼、水鸟、虾、蜻蜓和短吻鳄等动物。

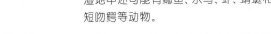

潮间盐水沼泽

指植被多到一定程度的潮间地带。众所周知，海水有涨潮和落潮，而潮间地带一般是指从最高的高潮水面至最低的低潮水面之间，能够被淹没的海岸和陆地区域。

永久性河流

有的河流常年有河水流淌，它的河床就是湿地。比如，美国佛罗里达州的大沼泽地国家公园，长约 160 千米，宽约 80 千米，在它的中央就有一条浅水河。

洪泛湿地

每到丰水季节，一些河滩、河谷就会被泛滥的洪水淹没；而有的三角洲甚至常年被水浸润。例如，亚马孙河每年淹没沿岸地区的面积大约是 25 万平方千米，与美国密歇根州的面积相当。

苔藓沼泽

由于空气不足以及水分过大，沼泽植物的残骸分解得不完全，会形成泥炭，也就是煤的前身。随着泥炭层不断增厚，苔藓植物成为有机土壤上的"霸主"，这样的沼泽被称为苔藓沼泽或泥炭沼泽。

河流和湖泊

雨水降落在高地上，泉水从地下冒出来，它们交汇在一起形成溪流；溪流再汇聚成河流，然后流入湖泊或海洋。

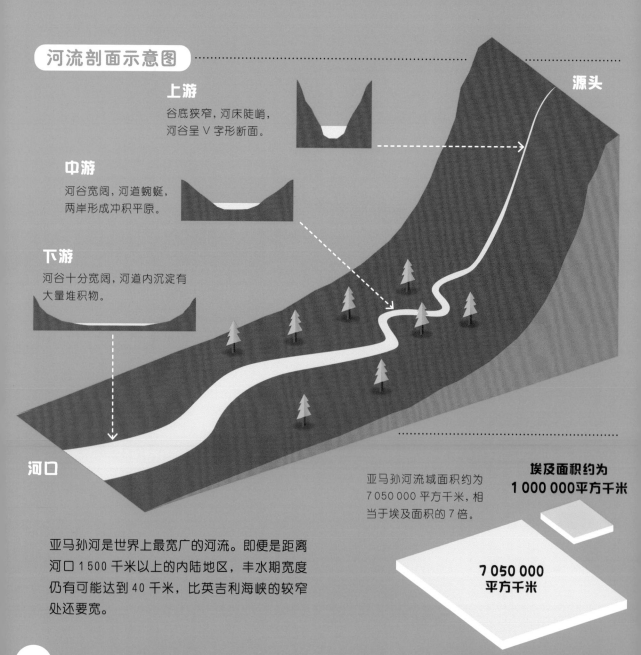

河流剖面示意图

上游
谷底狭窄，河床陡峭，河谷呈 V 字形断面。

中游
河谷宽阔，河道蜿蜒，两岸形成冲积平原。

下游
河谷十分宽阔，河道内沉淀有大量堆积物。

源头

河口

亚马孙河是世界上最宽广的河流。即便是距离河口 1500 千米以上的内陆地区，丰水期宽度仍有可能达到 40 千米，比英吉利海峡的较窄处还要宽。

亚马孙河流域面积约为 7 050 000 平方千米，相当于埃及面积的 7 倍。

埃及面积约为
1 000 000 平方千米

**7 050 000
平方千米**

俄罗斯

贝加尔湖

俄罗斯的贝加尔湖是
世界上最深的湖泊。

贝加尔湖的蓄水量为 23 000
立方千米，约占全球地表淡水
总量的五分之一。

贝加尔湖的最深处有

1620 米,

几乎是世界著名高楼
纽约帝国大厦的 4 倍。

全球地表
淡水总量

贝加尔湖蓄水量

地球上大约有

1.17 亿个湖泊。

鸭子

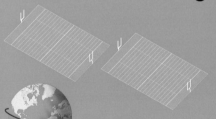

其中约有 9 000 万个（将近 77%）
湖泊的面积不到 1 万平方米，还没
有 2 个美式足球场大。

鳄鱼

淡水豚

世界上所有湖泊的湖岸线加起来，相当于赤道长度的 250 倍。

河流和湖泊附近可能会出
现水獭、淡水豚、水鸟（如
鸭和鹅）、淡水鱼（如鲟
鱼）、鳄鱼和青蛙等动物。

鲟鱼是世界上最大的淡水鱼类之一，体长可达 6 米以上，
重量超过 700 千克。

睡莲

睡莲生长在淡水里。

23

海洋

海洋覆盖了地球 70% 以上的面积。从深海到浅海，海洋为地球上的生物提供了广阔的栖息地。

压强

····· 海面

····· 1000 米

巨大的深海压强

全球海洋的平均深度为 3800 米，海洋最深处是挑战者深渊，其深度约为 11000 米。挑战者深渊处的压强是海平面处的近 1100 倍。

····· 平均深度 3800 米

×500 ····· 5000 米

旋转流动的洋流

巨大的洋流把寒冷和温暖的海水带到世界各地，传播热量，形成了陆地上和海洋中多种多样的栖息地。

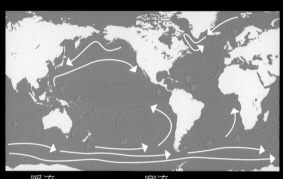

—— 暖流　　　　—— 寒流

厄尔尼诺现象

厄尔尼诺现象是太平洋的一种反常的自然现象，当厄尔尼诺现象发生时，南太平洋东部海域的水温会异常升高。它的出现会导致世界某些地区发生干旱，另一些地区则出现暴风雨和洪水。这种异常现象每隔 3—5 年就会发生一次。

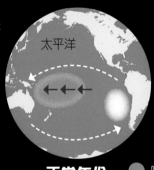

正常年份

● 暖水
○ 冷水

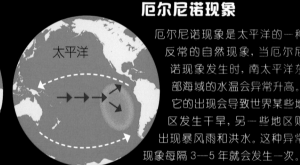

**厄尔尼诺现象
发生的年份**

×1000 ····· 10 000 米

深海热液喷口

深海热液喷口指水和一些化学物质形成滚烫的混合物，从海底喷涌而出所形成的区域。这种混合物富含矿物质，吸引了一些特殊的生物。

····· 挑战者深渊
约 11 000 米

海洋"巨人"

海洋中居住着地球上一些最大的动物。

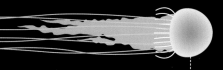

狮鬃水母 体长超过 35 米。

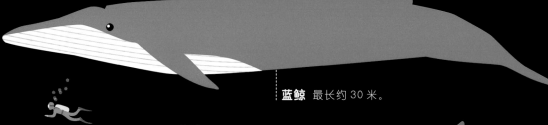

蓝鲸 最长约 30 米。

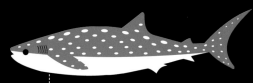

大王乌贼 可长达 18 米。

鲸鲨 最长约 20 米。

皇带鱼 最长约 7.6 米。

翻车鱼 最长超过 3 米。

甘氏巨螯蟹 伸展开可长达 4.2 米。

库氏砗磲 最长约 1.8 米。

400°C

热液从深海热液喷口涌出。

巨型管虫生活在热液喷口处，体长可达 3 米。

巨藻长度可以轻松超过 30 米。

长颈鹿最高约 8 米。

高耸的植物

巨藻是一种巨型海草，属于藻类。在凉爽、清澈的海水中，附着于海床上的成熟巨藻一般有 70—80 米长。它们长成一片繁密的海底森林，是成千上万种动物(例如海獭)的美好家园。

人造栖息地

这类栖息地看起来不太适合野生动植物生存，然而事实上，许多生物已经适应了在城市里与成千上万的人成为邻居。现在，城镇是少有的几种面积正在不断增加的栖息地之一。

日益扩大的栖息地

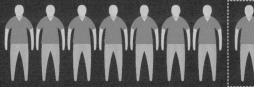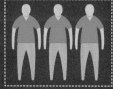

城镇人口

在 1950 年，世界上近 1/3 的人口居住在城镇。

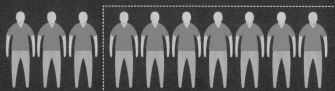

城镇人口

预计到 2030 年，世界上将有约 2/3 的人口居住在城镇。

1950 年，世界上只有纽约和东京这两个人口超过 1000 万的超大城市。

到 2020 年，这样的超大城市已经超过 30 个。

26

物种丰富的栖息地

即便是一个小小的后花园，里面也会有多种多样的生物。一项对英国城市谢菲尔德的一座花园的研究发现，在这个花园中：

植物种类
超过 1000 种

有 80 种地衣

无脊椎动物
超过 4000 种

野生动物走廊

为了加强对野生动物的保护，可以建造连接两个栖息地的草地或林地走廊，为野生动物的往来移动提供便利。

285 种

鸟生活在纽约中央公园里。

据估计，超过

4 000 000 只

老鼠生活在巴黎——几乎是当地人口（220 万）的 2 倍。

绝佳栖木

摩天大楼为猎鹰和其他猛禽提供了理想的筑巢场所，也为它们提供了广阔的狩猎视野。

人工暗礁

一些人造物被故意沉到海底，以便海洋动植物可以依托其生长，其中最大的一个是奥里斯卡尼号航空母舰，长度超过270米。该舰于2006年5月17日被沉入海底。

词汇表

冰期
地质史上气候寒冷、冰川大量出现且分布广泛的时期。

草原
主要生长草本植物的大片土地，有的适于放牧。

常绿树
全年保持绿叶片的树。

超大城市
城区常住人口超过1000万的大城市，例如中国的上海、印度的孟买。

潮差
相邻的高潮和低潮之间，水位的高度差。

冬眠
休眠的一种，指动物在冬季长时间不活动、不摄食以度过寒冬的状态。

浮游生物
生活在水中，缺乏或仅有微弱的行动能力，受水流支配而移动的微小生物。

干旱
长期无雨或少雨，导致缺水和农作物歉收的现象。

冠层
林木树冠的集合体，由高大树木的枝叶构成，与地面有一定距离。

海拔
从平均海平面起算的垂直高度。

海冰
海洋中的冰，包括来自陆地或江河的淡水冰和由海水冻结而成的咸水冰。一部分海洋终年被海冰覆盖。

旱生植物
适宜在干旱地区（如沙漠）生长，可以耐受较长时间或较严重干旱的植物。

猴面包树
常绿树，树干很粗、较短，果肉可食，原产于非洲热带地区。

呼吸根
伸出水面或地面、具有通气和呼吸功能的根，多见于生长在沼泽或海滩的植物。

呼吸作用
植物细胞将糖类等有机物氧化分解，最终产生二氧化碳和其他产物，并为自身活动提供能量的过程。

降水
从大气中落到地面的固态水或液态水，如雨、雪、雹等。

落叶树
一年中，叶子在一段时间内全部脱落的树。

栖息地

生物出现的空间范围和环境条件。

气候

某一地区多年的天气特征。

迁徙

动物有规律地长距离迁到另一个居住地的行为。

热带

南北回归线之间的地带。

沙漠化

在比较干旱的地区，由于气候变化和人为破坏植被、过度开垦等原因，出现的以风沙为主要标志的土地退化过程。

莎草科植物

多为多年生草本植物，常生长在沼泽或湿地中，有的可以在极地和高山的苔原环境中生存。

苔原

分布在极地附近或高山上的、无林的低矮植被区，以苔藓和地衣为主，主要出现在亚欧大陆北部和北美洲，大多处于永冻土分布区。

泰加林

在亚欧大陆和北美洲的北方平原上，以松柏类针叶树为主的大面积森林群落。

碳

一种非金属元素，存在于煤等物质中。燃烧煤产生的含碳气体会污染空气。

藤本植物

体细长，不能直立，只能匍匐在地面或者攀附他物向上生长的植物；可以攀附树木，从地面长到树顶。

温带

极圈与回归线之间的地带，在北半球的叫北温带，在南半球的叫南温带，气候通常比较温和。

香蒲

多年生草本植物，夏季开小花，穗状花序，形状像蜡烛；从寒带到热带的水边或湿地都有分布。

盐角草

一年生草本植物，叶片退化成鳞片状，穗状花序，生长在盐碱滩涂和海滩等处。

永冻土

多年保持冻结状态的土。

藻类

大多分布在水中，构造简单，没有根、茎、叶分化的低等植物。

针叶树

叶子形状像针、线或鳞片的树木，大多是常绿树。

支柱根

从茎基部附近节上长出的根，能伸入土中吸收养分，且具有支撑作用。

注：本书地图插图系原版书插附地图。

SCIENCE IN INFOGRAPHICS: HABITATS
Written by Jon Richards and illustrated by Ed Simkins
First published in English in 2017 by Wayland
Copyright © Wayland, 2017
This edition arranged through CA-LINK International LLC
Simplified Chinese edition copyright © 2022 by BEIJING QIANQIU ZHIYE PUBLISHING CO., LTD.
All rights reserved.

著作权合同登记号　图字：01-2021-3131

审图号：GS(2021)3349号

图书在版编目（CIP）数据

多种多样的栖息地／（英）乔恩·理查兹著；（英）
埃德·西姆金斯绘；梁秋婵译． -- 北京：中国妇女出
版社，2022.3
（一看就懂的图表科学书）
ISBN 978-7-5127-2116-6

Ⅰ．①多… Ⅱ．①乔… ②埃… ③梁… Ⅲ．①栖息地
－普及读物 Ⅳ．①Q14-49

中国版本图书馆CIP数据核字(2022)第011727号

责任编辑： 王　琳
封面设计： 秋千童书设计中心
责任印制： 李志国

出版发行： 中国妇女出版社
地　　址： 北京市东城区史家胡同甲24号　　　　邮政编码：100010
电　　话： （010）65133160（发行部）　　　　65133161（邮购）
邮　　箱： zgfncbs@womenbooks.cn
法律顾问： 北京市道可特律师事务所
经　　销： 各地新华书店
印　　刷： 北京启航东方印刷有限公司
开　　本： 185mm×260mm　1/16
印　　张： 2
字　　数： 36千字
版　　次： 2022年3月第1版　2022年3月第1次印刷
定　　价： 108.00元（全六册）

如有印装错误，请与发行部联系